MapleStory
数学应用漫画

冒险岛
数学奇遇记 53

藏在五星红旗里的秘密

〔韩〕宋道树／著　〔韩〕徐正银／绘　张蓓丽／译

台海出版社

图书在版编目（CIP）数据

冒险岛数学奇遇记.53，藏在五星红旗里的秘密 /
（韩）宋道树著；（韩）徐正银绘；张蓓丽译. -- 北京：
台海出版社，2020.12（2022.5重印）

ISBN 978-7-5168-2775-8

Ⅰ.①冒… Ⅱ.①宋… ②徐… ③张… Ⅲ.①数学 –
少儿读物 Ⅳ.①O1-49

中国版本图书馆CIP数据核字(2020)第198146号

著作权合同登记号　图字：01-2020-5499

冒险岛数学奇遇记.53，藏在五星红旗里的秘密

著　者：〔韩〕宋道树		绘　者：〔韩〕徐正银	

译　者：张蓓丽

出版人：蔡　旭	出版策划：双螺旋童书馆
责任编辑：徐　玥	封面设计：沈银苹
策划编辑：唐　浒　王　蕊　王　赢	

出版发行：台海出版社

地　　址：北京市东城区景山东街20号　邮政编码：100009

电　　话：010-64041652（发行，邮购）

传　　真：010-84045799（总编室）

网　　址：www.taimeng.org.cn/thcbs/default.htm

E-mail：thcbs@126.com

经　　销：全国各地新华书店

印　　刷：固安兰星球彩色印刷有限公司

本书如有破损、缺页、装订错误，请与本社联系调换

开　本：710mm×960mm	1/16
字　数：185千字	印　张：10.5
版　次：2020年12月第1版	印　次：2022年5月第2次印刷
书　号：ISBN 978-7-5168-2775-8	

定　价：35.00元

前言

重新出发的《冒险岛数学奇遇记》第十辑，希望通过创造篇进一步提高创造性思维能力和数学论述能力。

我们收到很多明信片，告诉我们韩国首创数学论述型漫画《冒险岛数学奇遇记》让原本困难的数学变得简单、有趣。

1~30册的**基础篇**综合了小学、中学数学课程，分类出 7 个领域，让孩子真正理解"数和运算""图形""测量""概率和统计""规律""文字和式子""函数"，并以此为基础形成"概念理解能力""数理计算能力""理论应用能力"。

31~45册的**深化篇**将内容范围扩展到中学课程，安排了生活中隐藏的数学概念和原理，以及数学历史中出现的深化内容。此外，还详细描写了可以培养"理论应用能力"，解决复杂、难解问题的方法。当然也包括一部分与"创造性思维能力"和"沟通能力"相关的内容。

从第 46 册的**创造篇**起，《冒险岛数学奇遇记》以强化"创造性思维能力"和巩固"数理论述"基础为主要内容。创造性思维能力，是指根据某种需要，针对要求事项和给出的问题，具有创造性地、有效地找出解决问题方法的能力。

创造性思维能力由坚实的概念理解能力、准确且快速的数理计算能力、多元的原理应用能力及其相关的知识、信息及附加经验组成。主动挑战的决心和好奇心越强，成功时的愉悦感和自信度就越大。尤其是经常记笔记的习惯和整理知识、信息、经验的习惯，如果它们在日常生活中根深蒂固，那么，孩子们的创造性就自动产生了。

创造性思维能力无法用客观性问题测定，只能用可以看到解题过程的叙述型问题测定。数理论述是针对各种领域和水平（年级）的问题，利用理论结合"创造性思维能力"和"问题解决方法"解决问题。

尤其在展开数理论述的过程中，包括批判性思维在内的沟通能力是绝对重要的角色。我们通过创造篇巩固一下数理论述的基础吧。

来，让我们充满愉悦和自信地去创造世界看看吧！

出场
人物

前情回顾

把帝国收入囊中！你和我一起……

　　被哆哆的小把戏耍得团团转的宝儿又准备再一次出手解决掉阿兰一行人，不过这次还是失败了。于是，皇后告诉宝儿不会给她买她想要的系列人偶。另一边，默西迪丝收到了来自欧铂丽基伯爵家族继承人的联姻提议，为了成全她，哆哆离开了利安家族。艾萨克打算与宝儿联手，来报复陷害他的皇后和俄尔塞伦公爵……

哆哆

从怪诞不经的宝儿手里救出利安家族，瞒着默西迪丝和阿兰独自踏上了前往荒芜大陆的旅程。

宝儿

千年女巫，从出生就异于常人，拥有的能力无人能及。宝儿的字典里没有不可能。

德里奇

放弃了螺旋大学魔法系的教授职务，小时候曾与宝儿是邻居，机缘巧合之下不得已开始帮助皇后。

皇后

同俄尔塞伦公爵两人恶行满满，惹怒了艾萨克将军和千年女巫宝儿，即将为此付出代价。

艾萨克将军

在皇后的设计下假扮成俄尔塞伦公爵被关进了监狱，由于皇后接连不断的捉弄，火冒三丈，打算进行报复。

伊伯默兹

是哆哆在人迹罕至的荒芜大陆见到的第一个人。从帝国来到荒芜大陆之后，计划通过开垦荒地赚大钱。

巴托丽

在荒芜大陆救下了被僵尸追击逃命的哆哆。为了解开德古拉伯爵在一百年前留下的谜语，接受了哆哆的帮助。

目　录

恐怖的荒芜*大陆

*荒芜：（田地）因无人管理而长满野草。

荒芜大陆

我的天哪······

我虽然听说过
荒芜大陆······

但是没想到这
里不仅没有人，
连一点儿吃的
都没有······

嗒嗒
嗒嗒

你好！

您不会……是住在这里的人吧？

哈哈哈，在你看来这是人住的地方吗？

不是……

我是两天前从帝国那边过来的。

我也是从帝国来的，刚到这里！

我是伊伯默兹。

我是哆哆。

你也真是挺胆大的，竟敢跑到妖怪横行的荒芜大陆来……

伊伯默兹先生您不也差不多嘛。

嗒嗒

嗒嗒

你知道比妖怪更可怕的是什么吗？那就是让人无法忍受的贫穷。我打算开垦*这片土地，建造一个巨大的农场。

*开垦：把荒地开辟成可以种植的土地。

我要在这里种满能赚钱的果树，成为大富豪！

要是妖怪攻击过来了呢？

不会有问题的。

那我就会好好拉拢它们，让它们来我的农场当工人，哈哈……

这位的胆识*还真是不一般啊。

嗒嗒　嗒嗒

我给你出个趣味数学题吧。

数学题？

*胆识：胆量和见识。

有一样东西，一个 850 金币，两个 700 金币，你知道这个东西是什么吗？

认真

这个好难啊。

其实这个问题非常简单。你不过是被表面的数字给骗了才会觉得很难。你不要看表面，要看它的本质。

DDDDDD

哈哈

可我还是不知道是什么。

正确答案就是"零钱"。

133 章 -1
突变
判断题

$7^{13}-13$ 是质数。

第133章　恐怖的荒芜大陆　13

用 1000 个金币买一个 150 金币的东西，会给你找 850 金币的零钱，买两个就会找 700 金币喽。

什么?

看到本质之后是不是觉得特别简单? 世界上的事情都是这样的。

哈哈

就算这里遍地都是妖怪，也不一定全是坏的。

您真的要让妖怪来给您当工人?

嗒嗒
嗒嗒

当然! 又不用给工资，多好! 哈哈哈……

正确答案　×（解析见第 164 页）

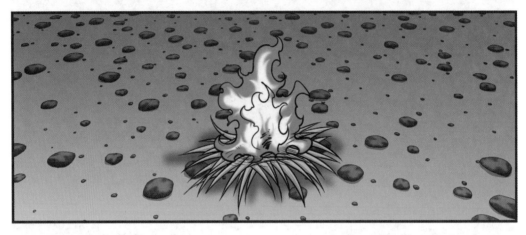

是失恋了吧?

哈哈哈，吓到了吧?

不是你说的那样!

你没必要一直愁眉苦脸的，因为有时候痛苦反倒是机会。什么事情都要反过来想想看，例如……

你把我的名字伊伯默兹（Ibmoz）的英文反过来拼读看看。

?

僵尸（**Zombi**）?!

伊伯默兹（Ibmoz）的英文反过来拼读的话……

正确答案 　× （解析见第164页）

类似 a：b：c 这种用比的符号 "："来连接三个以上数量的
式子叫作（   ）。

利落

给我站住!

嗒嗒　　嗒嗒

正确答案　连比（解析见第164页）

乌诀诀

不是说僵尸都
行动缓慢吗?

*偏见:偏于一方面的见解,成见。

你这可是偏见*。
行动敏捷的僵
尸不知道跑得
多快!

敏捷

正确
答案　繁分数(解析见第164页)

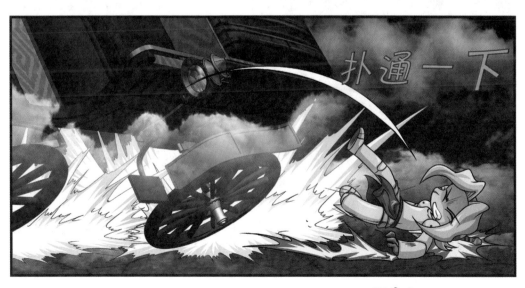

提高创造力数学教室

① 藏在五星红旗里的秘密

 领域 ▪ 数和运算　　 能力 ▪ 创造性思维能力

代表一个国家民族精神的歌曲称为国歌，国旗是国家的一种标志性旗帜。中国的国歌是《义勇军进行曲》，国旗则为五星红旗。下面我们就来了解一下五星红旗的组成、绘制方法，以及里面蕴含的数学知识吧。

五星红旗有着深刻的寓意和很强的象征性。

五星红旗的颜色：红色象征着革命；五角星用黄色象征着红色大地上呈现光明。

五星红旗的图案：大五角星代表中国共产党；四颗小五角星代表工人、农民、小资产阶级和民族资产阶级。四颗小五角星环拱于大五角星之右，并各有一个角尖正对大五角星的中心点，表达亿万人民心向伟大的中国共产党。

国旗制法说明：国旗的形状、颜色两面相同，旗上五星两面相对。为便利计，本件仅以旗杆在左之一面为说明之标准。对于旗杆在右之一面，凡本件所称左均应改右，所称右均应改左。

（一）旗面为红色，长方形，其长与高之比为 3∶2，旗面左上方缀黄色五角星五颗。一星较大，其外接圆直径为旗高十分之三，居左；四星较小，其外接圆直径为旗高十分之一，环拱于大星之右。旗杆套为白色。

（二）五星之位置与画法如下：

1. 为便于确定五星之位置，先将旗面对分为四个相等的长方形，将左上方之长方形上下划为十等分，左右划为十五等分。

2. 大五角星的中心点，在该长方形上五下五、左五右十之处。其画法为：以此点为圆心，以三等分为半径作一圆。在此圆周上，定出五个等距离的点，其一点须位于圆之正上方。然后将此五点中各相隔的两点相连，使各成一直线。此五直线所构成之外轮廓线，即为所需之大五角星。五角星之一个角尖正向上方。

3. 四颗小五角星的中心点，第一点在该长方形上二下八、左十右五之处，第二点在上四下六、左十二右三之处，第三点在上七下三、左十二右三之处，第四点在上九下一、左十右五之处。其画法为：以以上四点为圆心，各以一等分为半径，分别作四个圆。在每个圆上各定

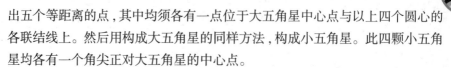

出五个等距离的点，其中均须各有一点位于大五角星中心点与以上四个圆心的各联结线上。然后用构成大五角星的同样方法，构成小五角星。此四颗小五角星均各有一个角尖正对大五角星的中心点。

(三)国旗之通用尺度定为如下五种：

1. 长 288 厘米，高 192 厘米。

2. 长 240 厘米，高 160 厘米。

3. 长 192 厘米，高 128 厘米。

4. 长 144 厘米，高 96 厘米。

5. 长 96 厘米，高 64 厘米。

〔论点1〕 请以长 288 厘米，高 192 厘米的尺寸为例，计算五星红旗中大五角星的面积是多少。注意，此处圆周率取 3.14，结果只保留小数点后一位数。

〈参考〉正多边形内角和为（$n-2$）× 180°（$n \geqslant 3$ 且 n 为正整数），所以正五边形的内角度数都是 108°，且对顶角度数相等，所以扇形的圆心角为 108°。

〈解答〉外接圆半径 $R = \frac{1}{2} \times 192 \times \frac{3}{10} = 28.8$（cm）

外接圆面积 $= \pi \times R^2 = 3.14 \times 28.8 \times 28.8 \approx 2604.4$（cm^2）

外接圆周长 $= 2\pi R = 2 \times 3.14 \times 28.8 \approx 180.9$（cm）

扇形的弧长 $l = \frac{1}{5} \times 180.9 \approx 36.2$（cm）

扇形的半径 $r = \frac{360° l}{2\pi n} = \frac{360° \times 36.2}{2 \times 3.14 \times 108°} \approx 19.2$（cm）

扇形面积 $= \frac{1}{2} rl = \frac{1}{2} \times 36.2 \times 19.2 \approx 347.5$（cm^2）

大五角星面积 = 圆形面积 − 扇形面积 × 5 = 2604.4 − 347.5 × 5 = 866.9（cm^2）

〔论点2〕 请以长 288 厘米，高 192 厘米的尺寸为例，计算五星红旗中一个小五角星的面积是多少。注意，此处圆周率取 3.14，结果只保留小数点后一位数。

〈解答〉外接圆面积 $= \pi \times R^2 = 3.14 \times 9.6 \times 9.6 \approx 289.4$（cm^2）

扇形面积 $= \frac{1}{2} rl = \frac{1}{2} \times 12.1 \times 6.4 \approx 38.7$（cm^2）

小五角星面积 = 圆形面积 − 扇形面积 × 5 = 289.4 − 38.7 × 5 = 95.9（cm^2）

〔论点3〕 请以长 288 厘米，高 192 厘米的尺寸为例，计算五星红旗中五个五角星的面积占了五星红旗面积的几分之几。

〈解答〉$\dfrac{\text{五角星的面积和}}{\text{五星红旗面积}} = \dfrac{866.9 + 95.9 \times 4}{288 \times 192} = \dfrac{1250.5}{55296} = \dfrac{2501}{110592}$

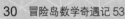

吸血鬼嗲嗲

站住！

嗒嗒嗒嗒

我快跑不动了。

反正已经这样了，那就直接来打一场吧！

这地方好阴森啊!

呃呃

不过……

总比被僵尸咬要好。

大步

大步

不好意思……

嘎吱

走进

○（解析见第 164 页）

正确
答案

呃

有人在吗？

是谁？

到处看

怔怔

您、您好，我正好路过这里。

你为什么跑到别人家里来？

僵、僵、僵尸一直在追我。

紧张

僵尸？

* 厌恶：（对人或事物）产生很大的反感。

一群无知又肮脏的怪物。我超级厌恶 * 僵尸。

对、对吧？

所以您看，能不能让我在您家里打扰一晚？

不行!

我巴托丽·伊丽莎白的家又不是酒店!

可是那些僵尸……

这跟我有什么关系。

我会帮您把屋子打扫得干干净净,求您今晚让我……

正确答案　　○（解析见第164页）

打扫？

轻瞟

！

嗙

唰唰

原来会魔、魔法。

哈哈

你还有什么话要说吗？

要不这样……

我做饭挺好吃的，我可以给您做美味佳肴……

嗙!

别磨磨蹭蹭了，赶紧给我出去。我现在正烦着呢……

您为什么烦啊?

你这孩子还没完没了了是吧。

我这不是想帮帮您嘛。

我有一个很讨厌的竞争对手，明明自己什么本事也没有，却件件事情都喜欢针对我。

天哪！那您压力得多大啊。

那个家伙连名字都很讨厌，叫作德古拉伯爵！

这个名字还真是很讨人厌呢。

无语

那个家伙给我出了个谜语，在一百年前……

一百年前？这谎话也说得太过了吧……

我本来以为这谜语很简单，结果我躺在棺材里怎么想都没想出来。

哎呦

棺材？

134章 -3 押宝填空题 五角星的五个角分别是（　　　）度。

我和他约好的期限也快到了……

要是我说不知道的话，也太伤自尊了！

气气

您能跟我说说这个谜语吗？我可以帮您解出来。

我想了一百年都没解出来的谜语，就凭你……

自信

巴托丽女士，现在只要您不把我赶出去，我什么都愿意为您效劳。

DDDDDD

好吧。要是你解不出来的话……

就马上从我家里滚出去!

反正我已经走投无路*了!

好!

*走投无路：无路可走，无处投奔，比喻找不到解决问题的办法，形容处境极端困难。

这是一个看起来简单，实际却非常难的谜语。

以为在前面，
其实在里面，
以为在里面，
其实在前面!

蒙

说完了?

点头

你不知道吧？

出去！

指

请您救救我。我不想被僵尸咬死！

跪下

你不一定会死啊。要是那些僵尸喜欢你的话，你还能成为它们的同伴呢。

我更加不想！

僵尸也是有优点的啊。像它们那样生存力极强的家伙也是很少见的。

你不会是害怕到脑子都傻了吧？

怎么可能！

刚才那个谜语我想到答案了！

什么？

答案就是镜子。我要是站在镜子前面的话，镜子里面也有我；如果镜子里面有我的话，那么肯定是我站在镜子前面喽。这不就是以为在前面，其实在里面，以为在里面，其实在前面！

镜子

惊

正确答案 红色象征着革命；黄色象征着红色大地上呈现光明

（解析见第164页）

哈哈

你真厉害！

我该怎么感谢你好呢？

只要您别赶我出去就行了。

不行，这远远不够。

我要让你当我的继承人 *。我可是一直都在寻找像你这样聪慧的孩子。

继承人？

您是开公司的呀。

莫非我要继承一家公司了？

这个嘛，看你怎么想吧。

* 继承人：依法或遵遗嘱继承遗产的人。

毕竟我统治着世界上所有的妖怪!

原来您开的公司是像鬼屋那样的啊!

多亏了你,我从此以后就能休息个够了。

您就好好休息,放心将公司交给我吧!

你平时洗澡的时候会好好洗你的脖子吗?

当然了!

你走近一点。

2 运用图形的乘法速算

 领域－数和运算　　 能力－创造性思维能力

在《冒险岛数学奇遇记46》的107页中我们学习了（两位数）×（两位数）的快速心算方法。现在我们就通过图形来为大家介绍一下如何快速算出特殊形态下两位数的乘积。

我们将两位数的乘积分成下列三种情况来看一下，**类型1**是十位数相同、个位数之和为10的情况；**类型2**是个位数相同、十位数之和为10的情况；**类型3**则是有一个数的十位数与个位数相同，另一个数的十位数与个位数之和为10的情况。

类型1	类型2	类型3	
A B　B+C=10 × 　A C □□□□	A C　A+B=10 × B C □□□□	A A　或者 × B C □□□□	B C　B+C=10 × A A □□□□

〈类型1〉

1. 十位数相同
2. 个位数之和等于10 的情况

A×(A+1)　B×C

例　　3 4
× 　3 6
1 2 2 4

3 ×4　　4 ×6

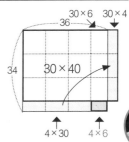

36　30×6　30×4
34　30×40
4×30　4×6

 应用问题①　请快速算出下列数的乘积。

(1) 　1 9
× 　1 1
□□□

(2) 　3 9
× 　3 1
□□□

(3) 　2 4
× 　2 6
□□□

(4) 　9 1
× 　9 9
□□□

(5) 　1 2
× 　1 8
□□□

(6) 　2 5
× 　2 5
□□□

(7) 　4 5
× 　4 5
□□□

(8) 　6 5
× 　6 5
□□□

(9) 　8 5
× 　8 5
□□□

(10) 　9 5
× 　9 5
□□□

〈解答〉
(1) 2 0 9
(2) 1 2 0 9
(3) 6 2 4
(4) 9 0 0 9
(5) 2 1 6
(6) 6 2 5
(7) 2 0 2 5
(8) 4 2 2 5
(9) 7 2 2 5
(10) 9 0 2 5

〈类型2〉

1. 个位数相同
2. 十位数之和等于10 的情况

A×B+C　C×C

例　　4 7
× 　6 7
3 1 4 9

4×6+7　7×7

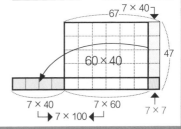

67　7×40
60×40　47
7×40　7×60　7×7
7×100

论题1 请解释说明在 A+B=10 的时候，AC×BC=（A×B+C）×100+C×C 是成立的。

〈解答〉 因为 AC=A×10+C，BC=B×10+C，且 A+B=10，
所以 AC×BC=(A×10+C)×(B×10+C)=A×B×100+A×C×10+B×C×10+C×C
=A×B×100+(A+B)×C×10+C×C=A×B×100+10×C×10+C×C
=(A×B+C)×100+C×C

应用问题2 请快速算出下列式子的乘积。

(1)　　1 1
　　×　9 1
□□□□

(2)　　2 2
　　×　8 2
□□□□

(3)　　3 4
　　×　7 4
□□□□

(4)　　9 3
　　×　1 3
□□□□

(5)　　9 9
　　×　1 9
□□□□

(6)　　5 2
　　×　5 2
□□□□

(7)　　5 4
　　×　5 4
□□□□

(8)　　5 7
　　×　5 7
□□□□

(9)　　5 8
　　×　5 8
□□□□

(10)　　5 9
　　×　5 9
□□□□

〈解答〉
(1) | 1 | 0 | 0 | 1 |
(2) | 1 | 8 | 0 | 4 |
(3) | 2 | 5 | 1 | 6 |
(4) | 1 | 2 | 0 | 9 |
(5) | 1 | 8 | 8 | 1 |

(6) | 2 | 7 | 0 | 4 |
(7) | 2 | 9 | 1 | 6 |
(8) | 3 | 2 | 4 | 9 |
(9) | 3 | 3 | 6 | 4 |
(10) | 3 | 4 | 8 | 1 |

〈类型3〉

1.有一个数的十位数与个位数相同
2.另一个数的十位数与个位数之和等于10的情况（B+C=10）

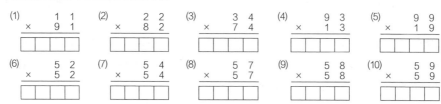

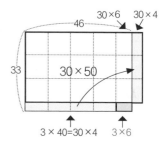

论题2 请解释说明在 B+C=10 的时候，AA×BC=A×（B+1）×100+A×C 是成立的。

〈解答〉 因为 AA=A×10+A，BC=B×10+C，且 B+C=10，
所以 AA×BC=(A×10+A)×(B×10+C)=A×B×100+A×(B+C)×10+A×C
=A×B×100+A×100+A×C=A×(B+1)×100+A×C

应用问题3 请快速算出下列式子的乘积。

(1)　　1 1
　　×　2 8
□□□□

(2)　　2 2
　　×　4 6
□□□□

(3)　　6 4
　　×　3 3
□□□□

(4)　　3 7
　　×　4 4
□□□□

(5)　　5 5
　　×　9 1
□□□□

〈解答〉
(1) | | 3 | 0 | 8 |
(2) | 1 | 0 | 1 | 2 |
(3) | 2 | 1 | 1 | 2 |
(4) | 1 | 6 | 2 | 8 |
(5) | 5 | 0 | 0 | 5 |

有两个皇后

呃嗯

起身

到处看

原来是做梦啊……
哎哟，还好是个梦。

我为什么要去那里登记啊?

只要是吸血鬼都要登记啊。

啊? 可我不是吸血鬼啊!

咦?!

您是叫哆哆吧?

对。

请看一下这个。您就是吸血鬼啊。

哆哆

嗖

肯定是这人跟我同名。

思考

好奇怪啊……

135 章 -1
突袭
判断题

心算是指不借助纸笔、计算器等工具,只运用大脑进行算术的方法,也被称为口算。

我先回协会确认一下再过来。

您没必要再过来了吧。

本来那个奇怪的梦就挺让人不舒服的……

正确答案　○（解析见第 164 页）

我这是还在做梦吗?

拉扯

这不是梦，你别再扯啦!

尴尬

经过快速心算可得 73 × 41 × 28+59 × 28 × 66+27 × 41 × 28+59 × 28 × 34 等于 280000。

第135章　有两个皇后　67

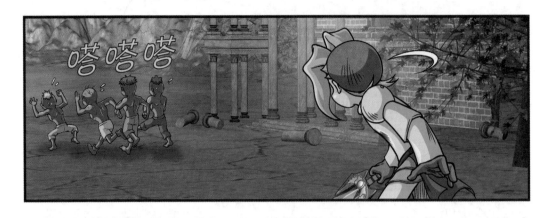

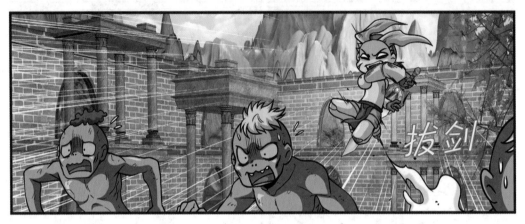

○（解析见第 165 页）

正确答案

怎么回事儿？我竟然把僵尸给击退了……

还不是因为哆哆先生您已经变成吸血鬼了。

您怎么又来了!
我不是说了我不
是吸血鬼嘛!

您张开嘴用这
个照照看。

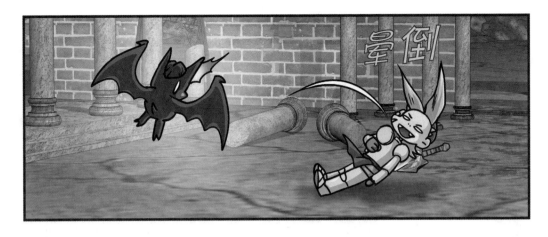

135 章 -3
押宝
填空题

$\begin{array}{r}47 \\ \times 67 \\ \hline\end{array}$ 经过快速心算后可得答案为（　　）。

第135章　有两个皇后　71

是正常的啊!

OBOJ

吸血鬼在平时跟普通人没区别，只有在兴奋的时候才会变身……

不过时间久了，在平时也会变成这个样子。

 正确答案　3149（解析见第165页）

难、难以置信，我竟然成了吸血鬼……

最近有谁咬过您的脖子吗？

惊起

您说是巴、巴、巴托丽女士咬的？

呀啊

我本来以为那只是梦，原来不是梦啊。说实话，我到现在都没什么感觉。

您这是干什么?

巴托丽女士是吸血鬼族的女王陛下。

能成为她的继承人，也就意味着您马上就要登上吸血鬼族的王位了。也就是说您将成为统领所有妖怪的吸血鬼王。

什么王?

才不要！我不要当吸血鬼王！

这是您的命运！

我不要、不要！让我以后就这样靠吸血生活？

您误会了。吸血鬼也跟普通人一样需要吃饭，只不过偶尔需要吸点血罢了。

不还是要吸别人的血喝嘛！

如果您不喜欢这样的话，也可以去医院买冰冻血袋来喝。不过老喝这种速冻食品不利于健康……

呕呕，这我也不喜欢！

135章-4
押宝
填空题

44
×28 经过快速心算后可得答案为（　　）。

有什么能让我变回普通人的办法吗？

当然有！

什么办法？

当您成为真正的吸血鬼王拥有最高强的法力之后，就能重新变回普通人了。

现在您拥有的不过是吸血鬼王的名分罢了，论法力您还需要多多努力才行。

您打算这样别扭到什么时候？盯着吸血鬼王的敌人可多得是哦。

我说了我不想当吸血鬼王！

生气

跟哥哥聊着聊着时间就过去了。

3 比例式及其应用（1）

培养创造力和数理论述实力

提高创造力数学教室

领域—数和运算/规律性　　能力—理论应用能力

如下所示，我们把比与比例式的内容再次梳理了一遍。同一类别的两个量之间的倍数关系就是比。两个比 $a:b$ 和 $c:d$ 相等的话，就可以写成 $a:b=c:d$ 或者 $\frac{a}{b}=\frac{c}{d}$ 这样的等式，这就叫作比例式。表示比的符号为比号"："，读作比。也就是说，$a:b$ 读作"a 比 b"。相关的专业用语还有下面这些。

$$\langle 比 \rangle\ \underset{\text{前项 后项}}{5\ :\ 4}\ =\ \underset{\text{比值}}{\frac{5}{4}} \qquad \langle 比例式 \rangle\ 5\ :\ \underset{\text{内项}}{4\ =\ 10}\ :\ 8$$

$$\underset{\text{外项}}{5\ :\ 4\ =\ 10\ :\ 8}$$

〈参考〉相对于 $a:b$ 来说，$b:a=\frac{b}{a}$ 就是它的反比。

比例式包含两个内项和两个外项，两个内项的乘积等于两个外项的乘积。如果 a、b、c 三个量成连比例，即 $a:b=b:c$，b 叫作 a 和 c 的比例中项。

论点1　请求出 a 和 b 的值，要求下列两个比例式同时成立。

　　　　①$5:a=4:b$　　　　②$a:(b+8)=5:8$

〈解答〉从题可得，①中 $4a=5b$，②中 $8a=5\times(b+8)=5b+40$，

　　　　所以，$8a=5b+40=10b\Rightarrow 5b=40\Rightarrow b=8$，由此可得 $a=10$。

论点2　请求出 $6=2\times3$ 与 $24=2^3\times3$ 的比例中项。

〈解答〉因为 $6:x=x:24\Rightarrow x^2=6\times24=2^4\times3^2\Rightarrow x=2^2\times3=12$，所以 6 和 24 的比例中项为 12。

如果在某一速度下，5 分钟行驶了 7 千米，那么速度就为 $7\,km\ :\ 5\,min=\frac{7km}{5min}=\frac{7}{5}\,km/min$。速度这个量就要在数值的后面加上（km/min）这个单位。

$\frac{7}{5}\,km/min$ 表示"速度为每分钟行驶 $\frac{7}{5}$ 千米"。

在比较长度、宽度这样同一类别的两个量时，英语叫作"ratio"；但是像上面提到的"千米/分"这种在比较两个不同类别的量时就叫作"rate"。速度、人口密度等就属于这一种。

"每 $a\ \square\ b\ \triangle$"就可以表示为 $\frac{b}{a}$（$\triangle / \square$）。一般我们把 $\frac{b}{a}$（$\triangle / \square$）称作单位比率，表示"每 $\square\ \frac{b}{a}\ \triangle$"的意思。单位比率固定的情况下，例如在速度不变时（匀速运动），根据距离求时间，或者根据时间求距离的问题就可以使用比例式来求解。

论点3 声音在 20℃ 的环境下 1 秒钟可以传播约 343 米。请用比例式求出下列问题的答案。

　（1）声音传播 2401 米需要几秒钟？

　（2）声音在 20 秒内能传多少千米？

〈解答〉（1）因为声音的速度是固定不变的，所以 343 米：1 秒 =343 米 / 秒 =2401 米：x 秒 =

$\dfrac{2401}{x}$ 米 / 秒。即 343：1=2401：$x \Rightarrow$ 2401=343×$x \Rightarrow$ x=7。答案为 7 秒钟。

　（2）343 米：1 秒 =343 米 / 秒 =x 米：20 秒 =$\dfrac{x}{20}$ 米 / 秒

　即 343：1=x：20 $\Rightarrow$ 1×x=6860 $\Rightarrow$ x=6860，答案为 6.86 千米。

论题 声音的速度为 343（米 / 秒），当时间为 x（秒），距离为 y（米）的时候，下列关系式成立。

$$y（米）=343（米 / 秒）×x（秒）\Rightarrow y = 343 × x$$

请使用上述 y=343×x 这一关系式求出 论点3 的问题（1）（2）。

〈解答〉 $y=kx$ 这类关系式叫作 x 和 y 的正比例函数，k 为比例系数。

　（1）若 y=2401，则由 2401=343×x 可得 x=$\dfrac{2401}{343}$=7。

　（2）若 x=20，则由 y=343×20 可得 y=6860，6860（米）=6.86（千米）。

论点4 请根据下列等式自己出题，并将这道题解答出来。

（1）$\dfrac{5支}{12支}=\dfrac{x元}{18元}$ 　　　　　（2）240km：x km=60：100=60%

（3）$\dfrac{200g×\frac{20}{100}}{200g + xg}=\dfrac{10}{100}$ 　　　　（4）$\dfrac{10元}{5米}=\dfrac{x元}{7米}$

〈解答〉（1）题目：一盒铅笔（共 12 支）卖 18 元，那么买 5 支铅笔需要多少元？

　　　解答：5×18=12×$x \Rightarrow$ x=90÷12=7.5，答案为 7.5 元。

　　（2）题目：A 点到 B 点距离的 60% 等于 240 千米，A 与 B 之间的距离为多少千米？

　　　解答：设 A 点到 B 点的距离为 x km，则 x×60%=240 $\Rightarrow$ x=400，答案为 400 千米。

　　（3）题目：有 200g 浓度为 20% 的盐水，还需加入多少克水才能让盐水的浓度变为 10%？

　　　解答：200g 浓度为 20% 的盐水里有 200g × $\dfrac{20}{100}$ 盐。假设要多加 xg 的水，那么

　　　（200g × $\dfrac{20}{100}$）÷（200g+xg）=10%，40=20+$\dfrac{x}{10}$，答案为 200 克。

　　（4）题目：5 米铁丝要 10 元，那么 7 米需要多少元？

　　　解答：10：5=x：7 $\Rightarrow$ 5x=70 $\Rightarrow$ x=14，答案为 14 元。

素颜*才是问题

*素颜：没有经过化妆、不施脂粉的脸（多用于女性）。

你是谁?

你又是谁?

竟然连声音都跟我一样!

你们还愣着干什么！还不赶紧把这个狡诈*的家伙给我拖出去！

*狡诈：狡猾奸诈。

你究竟是个什么东西？

给我闭嘴！

真的一模一样……

嗒嗒嗒

听说有两个皇后，这是怎么回事儿？

您还是亲自去看看吧。

开门

!

怒视

您三位经常见到皇后娘娘，分辨得出来吗？

几位元老*过来了！

起身

你们这群待在皇后娘娘身边伺候的人都分辨不出来，我们又怎么能……

请你们赶紧决断一下，到底谁是假的！

啊哈，我总算知道你是谁了！

你是千年女巫宝儿吧？

宝儿是谁？

她肯定是宝儿，不会错的。因为我没有给她买她想要的系列人偶，她就生气来报复我了！

她们到底在说什么……

我想到了一个好办法。宝儿不聪明，数学很不好，那就请你们出些数学题来问我们！

惊

这个办法不错。毕竟皇后在学校的时候数学成绩很好……

要现原形了吧！

嘿嘿

那我就来出题了。

这根木棍的重量为200克。

如果我用锯齿把这根木棍锯成8根一样重的小木棍……

哈哈哈，这也太简单了！

那么每根小木棍的重量是多少呢？

○（解析见第165页）

虽然宝儿会觉得很难……

谁能答出来我们就承认她是皇后。

我来!

由 $200 \div 8 = 25$ 可得每根小木棍的重量为 25 克!

点头

我也是有自尊的,一定不能跟她说的一样!

生气

请另一位也说说看。

怎么可能是25克呢！

那么您认为答案是什么呢？

我也很好奇呢，宝儿，答案是什么呀？

你少掺和!!!

200÷8＝25 是哪里错了呢？

那正确答案是什么？请您赶快说。

虽然她的回答很接近了，不过还不是正确答案。

呃嗯

嗯，这个嘛……那就是……

这是因为在用锯齿锯断木棍的过程中，会有一部分木屑飘散出去。

能考虑到这些可不简单，您这一看就是深思熟虑*的啊。

好厉害呀！

*深思熟虑：深刻地思考。

天哪

我就是皇后了吧？

请给我们点儿时间讨论一下。

你是怎么答对的？其实你是随便猜的吧？

我的实力就是如此！

我觉得第二位好像就是皇后娘娘……

但是 25 克这个答案也不是错误的。

说的也是。

这个办法怎么样？

我们也不能这么轻易就下结论……

俄尔塞伦公爵从小就跟皇后娘娘一起长大，应该一下就能分辨出真假吧？

对，还有这个办法！

俄尔塞伦公爵现在在监狱里，我们马上去看看吧！

136 章 -2
突袭
判断题

一辆汽车两个小时行驶 240 千米，它的速度为 120 千米 / 分。

第136章　素颜才是问题　95

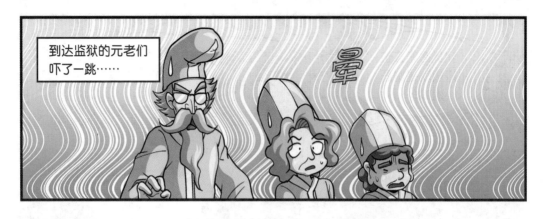

到达监狱的元老们吓了一跳……

这个人是俄尔塞伦公爵？

这、这个，可以说他是，也可以说他不是……

给我说清楚！

暂时就当他是俄尔塞伦公爵……

×（解析见第 165 页）

不是的！皇后娘娘把我扮成俄尔塞伦公爵关进了监狱。

国家真是一团糟啊……

哎哟

开门。

是……

谢谢你们！

哇

你进去吧。

什么？我进去干吗？

叫你进去你就进去，废话怎么那么多！

踢

既然你让一个无罪之人蒙冤入狱，你就要负起责任！

不关我的事啊，这都是皇后娘娘指使的。

你也脱不了干系。你不是一直在惹我生气嘛！

我们该去哪儿找俄尔塞伦公爵呢？

这么看来肯定是皇后娘娘把他藏起来了……

可我们又分不清她们两个中谁是真的。

出现了一个假的皇后？

是的。

我叫艾萨克，一直以来都在皇后娘娘身边伺候，我可以分辨出谁才是真正的皇后娘娘。

艾萨克将军!

惊讶

开始吧。

是!

失礼了。

136 章 -3
押宝
填空题

如果变量 x 和 y 之间存在着 $y=k \times x$ 这一等式,那么 x 和 y 为 ( ) 关系。

第136章　素颜才是问题　99

正确答案　正比例（解析见第 165 页）

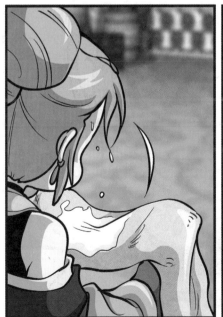

不过是卸完妆的皇后娘娘罢了。

吓

当

当

她是假的！

啊？

不、不是的！我卸完妆就是这个样子啊！

说谎！

你完全就变了一个人！

各位元老可能不太清楚，我本来一化完妆就像变了个人似的！

解释

侍卫还愣着干什么！赶紧把这个假皇后给我拉出去！

136章 -4
押宝
填空题

在 12：△ = △：75 中，△ 叫作 12 和 75 的（　　），
△ = （　　）。

提高创造力数学教室

4 比例式及其应用（2）

领域—数和运算/规律性   能力—创造性思维能力

让我们接着来学习比例式吧。把 3 千克要 120 元的巧克力和 4 千克要 160 元的巧克力以比例式的形式写出来的话，会出现下面两种情况。

（1）3 千克：4 千克 =120 元：160 元 ⇒ 3：4=120：160

（2）120 元：3 千克 =160 元：4 千克 ⇒

$$\frac{120元}{3千克}=\frac{160元}{4千克} \Rightarrow \frac{120}{3}（元/千克）=\frac{160}{4}（元/千克）$$

如上述（1）所示，等号两边各自的单位是一致的，这就是两个相同比之间的比例式。即便去掉两边的单位，这个比例式的比值也是一样的。

而（2）里面分母的单位和分子的单位不一致，所以产生了一个合成单位，等式两边的合成单位是一致的，都为"元 / 千克"。这种单位不一样的就是两个相同比率之间的比例式。40 "元 / 千克"是一个单位比率，表示"每千克要 40 元"。

论点1 请选出下列等式中的比例式。

① $\frac{15米}{5秒}=\frac{9米}{3秒}$ ② $\frac{30米}{2秒}=\frac{60秒}{4米}$ ③ $\frac{24km}{3L}=\frac{15km}{2L}$

④ $\frac{12米}{4米}=\frac{15元}{3元}$ ⑤ $\frac{1400人}{4平方千米}=\frac{1750人}{5平方千米}$ ⑥ $\frac{1.4}{4}=\frac{7}{20}$

〈解答〉比例式的两边在进行比较时必须比值相等且单位相同。如果分母和分子的单位一致，那么去掉单位之后它们的值不变。②是比率的单位不一样，③是比值不一样，所以它们不是比例式。答案为①、④、⑤、⑥。

应用问题① 汽车燃料消耗率是指"汽车在 1L 燃料量的情况下能行驶多远的距离（km）"。燃料消耗率为 12km/L 的汽车要行驶 600km，需要多少 L 的燃料?

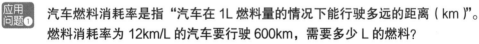

〈解答〉由题可得 12km/L= $\frac{12km}{1L}=\frac{600km}{xL}$ 这一比例式。

所以 $12 \times x=1 \times 600 \Rightarrow x=50$，答案为 50L。

论点2 盐水是指含有盐的水。盐为溶质，水为溶剂，盐水就是溶液。也就是，溶液质量 = 溶剂质量 + 溶质质量。溶液百分比浓度 = 溶质质量 ÷ 溶液质量 ×100%。5% 的盐水 100g 和 10% 的盐水 xg 混在一起就成了 8% 的盐水。请求出 x 的值。

〈解答〉5% 的盐水是指 100g 溶液里含有 5g 盐。因为 10% 的盐水 xg 中含有 $\frac{x}{10}$ g 的盐，所以能得到下列等式。

盐之和：盐水之和 = （5g+ $\frac{x}{10}$ g）：（100g+xg）=8%=8：100

因此（5+ $\frac{x}{10}$）×100=（100+x）×8 ⇒ 2x=300 ⇒ x=150，答案为 x=150。

应用问题2 请问在六点和七点之间，什么时刻时针（短的那根）和分针（长的那根）会重合。

〈解答〉 六点整时，时针与分针成一条直线，也就是分针与时针的夹角为 180°。

且时针每 1 分钟会转 $360° \div 12 \div 60 = 0.5°$，分针每 1 分钟会转 $360° \div 60 = 6°$。

我们先假设时针和分针会在 6 点 x 分的时候重合，那么时针从 12 点钟方向开始转动了 $180° + 0.5° \times x$ 之后，会与从 12 点钟方向开始转动了 $6° \times x$ 的分针重合。解方程式 $180 + 0.5x = 6x$，即可得 $x = 32\frac{8}{11}$（分）。答案为 6 点 $32\frac{8}{11}$ 分 = 6 点 32 分 $43\frac{7}{11}$ 秒。

论点3 比例式 $a:b=c:d$ 与分数等式 $\frac{a}{b}=\frac{c}{d}$ 相等。当所有的数都不为 0 时，请证明下列有关比例式的性质是成立的。

（1）若 $\frac{a}{b}=\frac{c}{d}$，则 $\frac{b}{a}=\frac{d}{c}$

（2）若 $\frac{a}{b}=\frac{c}{d}$，则 $\frac{a}{c}=\frac{b}{d}$，$\frac{d}{b}=\frac{c}{a}$

（3）若 $\frac{a}{b}=\frac{c}{d}$，则 $\frac{a+b}{b}=\frac{c+d}{d}$

（4）若 $\frac{a}{b}=\frac{c}{d}$，则 $\frac{a-b}{b}=\frac{c-d}{d}$

（5）若 $\frac{a}{b}=\frac{c}{d}$（$a \neq b$），则 $\frac{a+b}{a-b}=\frac{c+d}{c-d}$

（6）若 $\frac{a_1}{b_1}=\frac{a_2}{b_2}=\cdots=\frac{a_n}{b_n}$，则 $\frac{a_1+a_2+\cdots+a_n}{b_1+b_2+\cdots+b_n}=\frac{a_1}{b_1}$

〈解答〉（1）假设 $\frac{a}{b}=\frac{c}{d}=k$，则 $a=bk$，$c=dk \Rightarrow \frac{b}{a}=\frac{1}{k}=\frac{d}{c}$

（2）$a=bk$，$c=dk \Rightarrow \frac{a}{c}=\frac{bk}{dk}=\frac{b}{d}$，$\frac{d}{b}=\frac{dk}{bk}=\frac{c}{a}$

（3）$a=bk$，$c=dk \Rightarrow \frac{a+b}{b}=\frac{bk+b}{b}=k+1=\frac{c}{d}+1=\frac{c+d}{d}$

（4）$a=bk$，$c=dk \Rightarrow \frac{a-b}{b}=\frac{a}{b}-1=k-1=\frac{c}{d}-1=\frac{c-d}{d}$

（5）$a=bk$，$c=dk \Rightarrow \frac{a+b}{a-b}=\frac{bk+b}{bk-b}=\frac{k+1}{k-1}=\frac{d(k+1)}{d(k-1)}=\frac{dk+d}{dk-d}=\frac{c+d}{c-d}$

（6）$a_1=b_1k$，$\cdots$，$a_n=b_nk \Rightarrow \frac{a_1+a_2+\cdots+a_n}{b_1+b_2+\cdots+b_n}=\frac{b_1k+b_2k+\cdots+b_nk}{b_1+b_2+\cdots+b_n}=k=\frac{a_1}{b_1}$

应用问题3 若 a、b、c 都是不等于 0 的数，且 $\frac{b+c}{a}=\frac{c+a}{b}=\frac{a+b}{c}=k$，请求出 k 的值。

〈解答〉 根据上面 **论点3**（6），可将分子、分母进行合并，则可得 $\frac{2\times(a+b+c)}{a+b+c}=k$。

（1）当 $a+b+c \neq 0$ 时，分数约分后可得出 $k=2$；

（2）当 $a+b+c=0$ 时，因为 $b+c=-a$，所以 $\frac{b+c}{a}=\frac{-a}{a}=-1=k$。

综上所述，k 有 -1 和 2 两个值。

〈参考〉 比例式在诸多领域都适用。速度、浓度、密度、缩略图（地图）、利率、插值法等多个领域都会使用到比例式，所以大家一定要熟知才行。

意大利面之吻

大步

大步

姓名：未知（假皇后）

罪名：欺诈

*举报者将奖励化妆品一套。

我是皇后，真正的皇后！

敬礼

现在在皇宫的那个女人是假的！

我知道。

她叫宝儿。

您知道宝儿？

是的，我非常了解她。

○（解析见第165页）

正确答案

您也该知道这个宝儿是一个邪恶的女巫。真是太好了，既然您和我们一样都是正义的一方，那就请您一定要打败宝儿！

这件事好像跟"正义"没什么关系吧。因为……

自从宝儿假扮皇后之后，不仅大家的生活变好了，社会也变得更加公正了。这些可都是大家一致的看法。

这、这个嘛，反正……

请您把宝儿赶走。酬金我们已经准备好了。

金光

闪闪

我不需要，我做这些不是为了钱。

嗒

我能问问为什么吗？

*剪不断理还乱：不能了断，也不能理出个头绪。

这都归结于我和宝儿之间那剪不断理还乱*的缘分。故事还得从我小时候上魔法学校说起……

无奈

我从小成绩就好，每次都是第一名。

祝贺你，德里奇。这次你又是全校第一。

谢谢您，校长。

我敢肯定你就是百年难得一遇的魔法天才。我对你充满期待啊。

我会继续努力的。

我比他更加厉害！

校长

你是谁呀？

*游手好闲：游荡成性，不好劳动。

我是宝儿！

她跟我是一个村子的，学也不上，整天游手好闲*。

帽子魔法，我变得更好！

137 章 -2
突袭
判断题

糖水的浓度就是（糖的体积）÷（糖水的容积），并以百分比（%）的形式写出来。

这让我不知道说什么好!

直接赶出去就行了,大字不识一个的人。

你赶我出去试试!

我放个屁臭死你们!

翘起

SPIRAL MAGIC SCHOOL

知道了,你赶紧变给我们看看吧。

无语

好!

要从帽子里面掏出什么来呢?

嗖

随便什么都可以……

你能掏出来的应该只有灰尘吧。

正确答案 ×（解析见第 165 页）

嗯，掏什么好呢？

我想到了！

闪光

用

力

你这是在干什么呢？

呼

这东西太重了。

嘿 呀 呵呵 呵呵 呵

您是说她从帽子里变出了一只恐龙？

就是这样。

这种事儿怎么可能……

这原因 * 谁也说不清。

然而在几年后一件更出人意料的事情发生了。

* 原因：造成某种结果或引起另一事情发生的条件。

德里奇，你是怎么做到每次都是全校第一的呢？

都是因为老师们教得好。

校长 □ □ □

几年后

137章-3
押宝
填空题

200ga% 的盐水和 200gb% 的盐水混合之后，会变成（　　）% 的盐水。

好久没见你展示你的魔法实力了！

我今天就变一个飞行魔法吧。

魔法大学的教授们变起来都有点吃力的飞行魔法？

正确答案 $\dfrac{a+b}{2}$ （解析见第165页）

惊叹

我、我简直不敢相信自己的眼睛。

校、校长！

开门

科学老师你怎么来了？

惊愕

刚、刚才天文台来电话了，说在太空中发现了我们学校的扫帚。报道说通过射电望远镜看见扫帚上刻有SMC的字样！

简、简直不敢相信。这种事情怎么可能呢?

我也不知道。不过有一件事情我很确定。

就是不管我再怎么努力也无法打败宝儿。

真可怜……

之后我就再也没有接触魔法了。

我转学之后就一心努力学习。不是我自夸,我搞起学习来也是很厉害的。

137章-4 押宝填空题

如果 $a \neq 5$ 且 $\dfrac{x-1}{5-a} = \dfrac{1}{5+a} = \dfrac{5}{2}$,那么,$x=$ ( )。

第137章 意大利面之吻 129

帝国意大利面协会
会长通心粉大师

你就是……

打败众多竞争者留到了
最后的学生啊。

是的，会长。我
叫德里奇。

正确
答案　25（解析见第 166 页）

不过要想当最终的优胜者，你还得回答出最后一个问题！

我知道！

那我就出题了。有两个盘子，每个盘子里都盛有长度为10米的意大利面。

约翰和汤姆两个小孩各自坐在盘子前，同时开始吃盘里的意大利面。

约翰

汤姆

当约翰都吃完了的时候……

干净

汤姆的意大利面还剩1米。

1m

接着汤姆又开始与大卫一起吃 10 米长的意大利面。

汤姆　　　　大卫

这次是汤姆先吃完……

汤姆　　　　干净

大卫还剩 1 米。

大卫　　　　1m

那么如果约翰与大卫同时比赛吃10米长的意大利面的话，当约翰都吃完了的时候，大卫的意大利面还剩多长呢?

约翰　　　　大卫

这个问题并不难。汤姆吃面的速度是约翰的90%，而大卫吃面的速度又是汤姆的90%，所以我们只需要知道大卫吃面的速度是约翰的百分之几就行了。也就是90%的90%，最后答案为81%。

列式解答

大卫吃面的速度=约翰的速度×0.9×0.9=约翰的速度×0.81=约翰速度的81%。

即，当约翰吃完10m也就是1000cm的意大利面时，大卫只吃了这一长度的81%，也就是810cm，所以剩下的意大利面长度应为190cm。

1000cm−810cm=190cm

祝贺你，德里奇。这次竞赛的冠军就是你了！

谢谢！

鼓掌

我们将会为你提供丰厚的奖金和留学的机会！

我会更加努力的！

还有一个……

那就是你有幸能与我们协会选定的年度"意大利面女王"共享一盘意大利面！

啊，我也能试试传说中的意大利面之吻啦！不知道这位女生会有多漂亮？

培养创造力
和数理论述
实力

提高创造力数学教室

5 不可分量原理的构思

我们来了解一下求平面图形面积的新方法。

[图1] 所画的图形（A）、（B）、（C）、（D）的底边长度都相等，且它们有共同的特征。

共同特征：在任意高度 h 作一条与底边所在的直线 m 相平行的直线 p，这四个图形被 p 所截得的线段（红色线段）长度都相等。

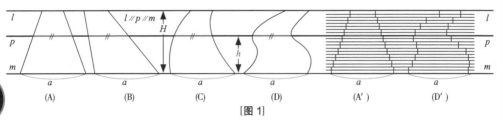

[图1]

下面我们就来证明上述图形（A）、（B）、（C）、（D）的面积是相等的。

在图形（A）和（D）的上面用线段将平行线 l 与 m 之间的距离 H 平分成 n 等分，就得到图形（A'）和（D'）。假设 n 能无限大，那么就可以把这些被它平分出来的部分看成是长方形。

最终，当 n 无限增大的时候，高度为 h 处的小长方形就会无限接近红色线段，所以它们的面积之和就会变得一样。同理，图形（B）和（C）也是一样的。

论题1　半径为 r 的圆，其周长为 $2\pi r$。把圆分成 n 个小扇形之后，再将这些小扇形两个一组尖头相对排列。假设 n 可以无限增大，请写出圆面积的公式。当弧的长度为 l 时，写出扇形面积的公式。

〈解答〉扇形重新排列之后如 [图2] 所示，如果 n 无限增大，那么它就越接近长方形，且长为圆周的一半 πr，宽为半径 r。于是圆的面积 $= \pi r^2$。[图3] 里的扇形也可以使用上述方法得出，它会与一个长为弧长的一半、宽为 r 的长方形无限接近，因此扇形的面积 $= \dfrac{1}{2} \times rl$。又因为弧长 $l = 2\pi r \times \dfrac{圆心角}{360°}$，所以扇形的面积 $= \pi r^2 \times \dfrac{圆心角}{360°}$。

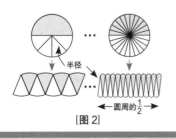

半径

圆周的 $\dfrac{1}{2}$

[图2]

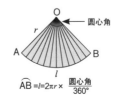

O ← 圆心角

r

A　　　B

l

$\overset{\frown}{AB} = l = 2\pi r \times \dfrac{圆心角}{360°}$

[图3]

〈参考〉 类似前面第 135 页 [图 1] 这样将图形进行无穷分割的方法称为"微分",这是"微分法"的基本原理,在高中数学我们会学到。细切后重新进行堆积排列的方法叫作"积分",是"积分法"的基本原理。把这两个合并就叫作"微积分学"。在求图形的面积、体积时,重新合并细分成 n 份的图形,假设 n 可以增大到无限大的计算方法被称为区分求积法。虽然微积分属于高中数学课程,但是大家可以先简单了解一下它的基本构思。

意大利的数学家卡瓦列里(Cavalieri,F.B 1598~1647)通过区分求积法证明了等底等高的圆锥体的体积是圆柱体体积的 $\frac{1}{3}$。

接下来就让我们来了解一下卡瓦列里原理,并使用这一原理来看看为什么等底等高的圆柱体的体积是圆锥体的 3 倍。教科书里写道,用沙或水就能证明这一原理,但是这个证明并不精确。这与量角器无法证明两个角相等是一样的。

卡瓦列里原理:有两个立体处于两个平行平面之间,在这两个平行平面之间作任意平行于这两个平面的平面,如果它们被立体所截得的面积相等,则这两个立体的体积相等。

下面的图形能让上述原理更加便于理解。

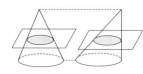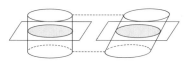

根据卡瓦列里原理可知,底面全等、高相等的直圆锥体和斜圆锥体的体积相等。这与前面提到的底边和高相同的两个三角形的面积相等这一原理是一样的。

下面我们就来用数学方法证明为什么在底面积和高相等的圆柱体和圆锥体当中,圆柱体的体积是圆锥体的 3 倍。

论题2 以三棱柱为例,有一个与这个三棱柱底面积、高相等的三棱锥,请用卡瓦列里原理来证明三棱锥的体积为三棱柱的 $\frac{1}{3}$。

〈解答〉 如 [图 4] 所示,三棱柱可以分为 3 个三棱锥。因为Ⅰ和Ⅱ的底面积相同、高度相等,根据卡瓦列里原理可得它们的体积相等。
Ⅰ和Ⅲ的情况也差不多,因为长方形 $ABED$ 被对角线 BD 平分,所以△ ABD 和△ EDB 作为两个三棱锥的底面积是相等的。又因为它们的高度相同,所以Ⅰ和Ⅲ的体积相等。综上所述Ⅰ、Ⅱ、Ⅲ的体积相等。由此可以证明等底等高的三棱柱的体积是三棱锥的 3 倍。

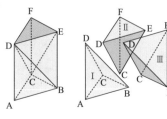

[图 4]

别生气

为什么不接着说了？

我好想知道意大利面之吻会怎么样……

虽然我非常不愿再回想起来，但我还是决定告诉你们。

嗯嗯

当时我没有理解意大利面协会的规则*。

*规则：规定出来供大家共同遵守的制度或章程。

我以为"意大利面女王"的选拔标准是外貌和性格。

难道不是吗？

完全不是这么一回事儿！

那我就来介绍意大利面女王了。

哇

好期待……

咚
咚

底边长和高都一样的长方形和平行四边形的面积是一样的。

吃了200盘意大利面，我的肚子都快炸了。

恭喜你创造了新的世界纪录，宝儿姑娘……

原来选的是最能吃意大利面的女王啊！

这位是数学竞赛的冠军德里奇。

我，认识德里奇！

你们认识啊，真是太好了。

起身

不过宝儿姑娘，你吃得这么饱还能和德里奇一起吃意大利面吗？

好、好像不行吧。

尴尬

请稍微等一下！

转

正确答案　○（解析见第166页）

我现在能继续吃了……

呃……

我肚子现在不是很舒服，这个吃意大利面的环节能不能跳过呀？

这个环节是我们协会流传了几百年的传统。如果你拒绝参与这个环节，按照规定我们只能取消*你的冠军资格！

这个规定好棒啊。

呃

绝对不行！

打起精神来！好好计划一下，就能避开这个意大利面之吻了。

在这种情况下……

变成这样之前……

把脸扬起来!

不过这个办法好像太小看宝儿了。

嘻嘻

开始了!

咻咻咻

尴尬

138 章 -2
突袭
判断题

圆心角度数一定的扇形,因为其面积 $S=\frac{1}{2}\times r\times l$($r$ 为半径,l 为弧长),所以 S 与半径 r 成正比。

天哪！

当时我还不知道。

看了录像后我才知道。

宝儿只用了 0.1 秒就把意大利面给吃进去了……

正确答案　×（解析见第 166 页）

可是我转念一想还是决定静下心来再次好好学习魔法。

我一定要超越宝儿成为最厉害的魔法师，洗刷我今日的耻辱*！

生气生气

*耻辱：声誉上所受的损害，可耻的事情。

说到这儿，你们应该清楚为什么我会为了跟宝儿对战一场而不惜代价了吧？

呜呜

你说得很清楚了！

你比我们更可怜啊。我希望你能打败宝儿……

等着吧，宝儿。
我来了！

啊，好无聊啊！没事儿干只能挖鼻孔。

138章-3
押宝
填空题

半径为10cm，弧长为10cm的扇形，其面积为（　　　）cm²。

我要把这坨最里面的鼻屎留着以后再挖。

皇后娘娘!

艾萨克!

您怎么能变回自己的脸呢?要是被别人看到了怎么办?

这里什么人都没有……我这不是还有发型和衣服没换嘛。还有,只有我们两个人的时候你就叫我宝儿吧!

不行。您不知道隔墙有耳吗?

再说正在被追捕的皇后和俄尔塞伦公爵还不知道躲在哪儿计划报复呢。

有本事就让他们试试。

这个世上只有一个人够资格当我的对手*！

不过他嘛……

嘻嘻

*对手：特指本领、水平不相上下的竞赛的对方。

只要我吓一下估计连动都不敢动哦！

哈哈哈

好可怕啊……

这样反而更好。要是见到人之后我忍不住想吸他们的血怎么办？

啊，光是想想就觉得毛骨悚然。

吸血鬼平时跟普通人没什么差别，只会在兴奋的时候变身……

那我就别兴奋！别生气！这样我就跟普通人一样了！

哆哆大哥！

你们怎么来了？默西迪丝，你不是结婚了吗？

你知道我们找了你多久吗？

底部为心形，且面积为 10cm²，高为 21cm 的心形柱体，其体积为（　　　）cm³。

嗯，不结了。

为什么？

我不想结……

是我想得太简单了。我只要一想到大哥你离开时有多伤心，就痛苦得不得了。

呜 呜

傻瓜，你们放弃了那么好的机会跑到这里来？

生气

这是我跟阿兰商量之后决定的。我们决定拒绝依靠家世来得到地位……

正确答案　210cm³（解析见第 166 页）

我们会靠自己的力量改变命运的!

你们打算怎么改变?

就在这片荒芜大陆上。这里的面积是帝国的几倍,但是人却没法生存。因为妖怪……

到处看

我打算把妖怪聚集起来改造这片荒芜之地,建立属于我们的王国!

晕……

真是气得我无话可说!

哆哆大哥,你会帮我吧?

我不帮！
没法儿帮！

气恼

哆哆大哥……

哆哆……

你们既然出身高贵，就应该继承家产、好好管理，幸福快乐地生活才对啊。跑到这里说什么废话呢！你以为荒芜大陆是你家后花园吗？

我们知道会很困难，但是只要你肯帮助我们……

这就是问题所在！

我帮不了你们！

为什么？

因为我是吸血鬼！

蒙

哈哈哈

还笑？

他们不该待在这里！应该回到家乡幸福地生活才对……

难道我们该哭吗？

你这个谎也太幼稚了吧！

竟然为了我跑到荒芜大陆来受苦……

要把他们赶走才行！绝对不能让他们两个留在这里！

哆哆大哥，你别生气了……

啪 啪

吓

不要让我再见到你们！

嗒嗒嗒

到时候我就不会再放过你们了！

现在你们总该清醒了吧。

哈哈一

啊，好爽呀……

变成吸血鬼的哆哆会迎来怎样的命运呢?
敬请期待《冒险岛数学奇遇记》第54册!

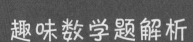

趣味数学题解析

133 章-1

解析 由于 7 是奇数，所以 7^{13} 也是奇数。因为（奇数 – 奇数）为偶数，所以 7^{13}–13 为偶数。偶数只有 2 为质数，所以 7^{13}–13 是合数不是质数。

133 章-2

解析 这个用一般的小型计算器是无法计算出来的。假设 A=123456788，那么这个式子的左边就为（A–1）×（A+1）=A^2–1，右边则是 A^2。显而易见，右边肯定比左边大 1。

133 章-3

解析 连续三个数以上的比被称为连比。

133 章-4

解析 分母或分子中含有分数则被称为繁分数。另外，在"整数加分数"形式中，分数的分母会再次以"整数加分数"的形式无限循环的分数被称为连分数。

黄金比例也可以用连分数的形式来表示：$\dfrac{\sqrt{5}-1}{2} = \cfrac{1}{1+\cfrac{1}{1+\cfrac{1}{1+\cdots}}}$。

134 章-1

解析 五星红旗中的大五角星代表中国共产党，四颗小五角星代表了工人、农民、小资产阶级和民族资产阶级。

134 章-2

解析 五星红旗上的四颗小五角星环拱于大五角星之右，并各有一个角尖正对大五角星的中心点，表达亿万人民心向伟大的中国共产党。

134 章-3

解析 五角星的五个角都是 36 度。

134 章-4

解析 五星红旗的红色象征革命，五角星用黄色象征着红色大地上呈现光明。

135 章-1

解析 心算是一种不凭借任何工具，只运用大脑进行算术的方法。

135 章 -2

解析 （73+27）×41×28+59×28×（66+34）=100×41×28+59×28×100=（41+59）×28×100=280000

135 章 -3

解析 个位数相同，十位数之和等于 10 的情况，则 4×6+7=31，7×7=49，答案为 3149。

135 章 -4

解析 有一个数的十位数与个位数相同，另一个数的十位数与个位数之和等于 10 的情况，则 4×（2+1）=12，4×8=32，答案为 1232。

136 章 -1

解析 内项积等于外项积，所以 $5a \times \frac{8}{a}$ =40=4x ⇒ x=10。

136 章 -2

解析 $\frac{240 \text{ 千米}}{2 \text{ 小时}} = \frac{240 \text{ 千米}}{120 \text{ 分}}$ =2 千米 / 分

136 章 -3

解析 当变量 x 呈 2 倍、3 倍……增大的时候，变量 y 也会随之增大 2 倍、3 倍……即，$\frac{y}{x}$ =k 是固定的。这时我们称变量 x 和 y 是正比例关系，k 就是比例系数。

136 章 -4

解析 由 $a:b=b:c$ 可得 $b^2=a \times c$，这时的 b 叫作 a 与 c 的比例中项。因为△^{2}=12×75 =900=30^2，所以△=30。

137 章 -1

解析 由题可得其比率为 120 元 ÷3 千克 =40 元 / 千克。这被称为每千克的单位比率。

137 章 -2

解析 溶液的浓度不是体积（容积）的比而是质量的比。所以糖水的浓度应该为（糖的质量）÷（糖水的质量）并以百分比的形式写出。

137 章 -3

解析 200ga% 的盐水里有（2×a）g 的盐，而 200gb % 的盐水里有（2×b）g 的盐。由此可得 $\frac{2 \times a+2 \times b}{200+200} = \frac{a+b}{2} \times \frac{1}{100} = \frac{a+b}{2}$ %。

137 章 -4

解析 $\dfrac{x-1}{5-a}=\dfrac{1}{5+a}=\dfrac{x-1+1}{(5-a)+(5+a)}=\dfrac{x}{10}=\dfrac{5}{2}\Rightarrow x=25$。

138 章 -1

解析 如下图所示，把平行四边形右边的直角三角形平移到左边画阴影的地方就成一个一模一样的长方形。

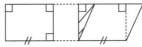

138 章 -2

解析 只从 $S=\dfrac{1}{2}rl$ 的公式上来看，它与 r 像是成正比的，但是当我们假设圆心角为 $a°$ 时，弧长 $l=2\pi r\times\dfrac{a°}{360°}$，可得 $S=\pi r^2\times\dfrac{a°}{360°}$。所以圆心角度数一定的扇形，其面积与 r^2 成正比。

138 章 -3

解析 由于扇形的面积 $=\dfrac{1}{2}\times$ 半径长 $\times$ 弧长，可得 $\dfrac{1}{2}\times 10\text{cm}\times 10\text{cm}=50\text{cm}^2$。

138 章 -4

解析 心形柱体的体积为底面积乘以高，即 $10\text{cm}^2\times 21\text{cm}=210\text{cm}^3$。

饼干跑酷环球冒险之旅

读者群 : 6~12 岁　开本 :16 开

- 1000+知识点，50+人文深度解读，10大国际都市
- 1000万+畅销漫画大师重磅力作
- 荣获少年朝鲜日报童书大奖
- 在冒险中学习世界历史、地理与人文
- 轻松有趣，拓展眼界与想象

　　英国伦敦蛇形湖上，一个少年从水中钻了出来。目击者报警后，警察将少年送到了医院。原来少年是一个姜饼人。他的身世成谜，究竟为何落水？为了寻找真相，少年踏上了冒险之旅。刚刚打败密谋抢夺凡尔赛宫的恶魔饼干，在纽约又遇上了吸血鬼，竞争激烈的罗马御龙大赛……惊险刺激的情节让人欲罢不能。

共 10 册
定价 : 35.00 元 / 册